U0344130

天气的奇幻旅行

[捷克] 萨比娜·科讷柯娜 / 特蕾莎·马尔科娃 文

[捷克] 米沙·贝拉 图

锐 拓 译

云南出版集团　晨光出版社

目录

听说你对天气很感兴趣？

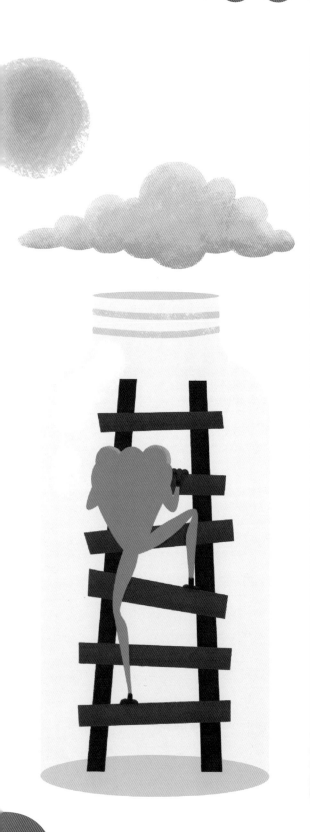

← 天气就在我们身边

上学时，你需要带上雨伞吗？周末了，你应该去远足还是应该待在家里读本好书？毫无疑问，你经常会想这些问题——天气会是什么样？天气是大自然的一种强大的力量，它对我们的生活和我们周围所发生的事情有着直接或间接的影响。

一门新学科诞生了

有一门专门研究天气的学科——气象学。气象学把大气当作研究的客体，观察和记录各种天气变化及现象，比如雨、雪等降水现象，霜露等地面凝结现象，雾、霾等视程障碍现象，以及雷电现象和风、飑、积雪等现象。为了进行这些测量，人们建立了气象站。

谁研究天气？

我们称研究天气的专家为气象学家。气象学家们监测天气、监管气象站，使用电脑把监测到的素材汇集在一起，并评估所获得的数据为我们提供天气预报。

天气预报十分重要

那么，天气预报可以告诉我们什么呢？例如，降水量有多少，让我们提前知道是否会有干旱或是洪水；风力有多强以及风向怎样，以确保飞机能够安全运送乘客和货物；当然，还会告诉我们未来几天的温度，方便我们添减衣物。

我们还能获取什么？

此外，气象学家还能监测蝗虫的情况，告诉你在哪个地区最有可能遇到这种不速之客带来的危险。天气预报也包括目前正在开花的植物信息——对于那些患有过敏症的人来说，这是一个很有用的信息！

一只辛苦工作的小青蛙

自古以来，人们就把树蛙的活动看作是一种天气的预兆。据说要下雨时，树蛙会向上爬，因为当它裸露在外面时，它需要藏在树叶下以躲避雨水。

当你阅读这本书时，你会发现一只可爱的树蛙也加入了进来指引我们如何阅读。它的名字叫罗西，正迫不及待地想要向你展示当出现各种天气时会发生什么！

人们如何研究天气？

为了确保气象学家们拿到所有必要的数据，并能够整理出天气预报，除了收集来自地面的信息之外，人们还需要汇集来自许多不同地方的信息。为此，人们在海洋中设置了特定的监测浮标，在空中也安排了气象气球和飞机。

气象学家手头最可靠的工具是卫星。卫星在高空环绕着地球运行，对一切了如指掌。它们记录所有重要的数据，甚至可以拍到云的照片或测量温度！此外，气象雷达也很重要。气象学家会利用它来监测降水量并确定下雨或下雪的地点。

你在哪里获取天气状况的信息？

如果你想知道天气的变化，你应该从哪里获取信息呢？选择有很多。只要打开收音机或电视，大多数新闻节目都有天气预报，或者上网查询也可以。对了，不要忘记智能手机上的天气应用。

家里的"气象学家"

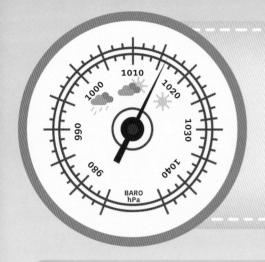

有一些工具可以帮助你在家里扮演气象学家——比如气压计。这项设备可以测量大气压力，让你准确地判断天气状况。如果气压高，天空通常是多云的；如果气压低，可能就要下雨了。一般来说，气压下降得越快，接下来的天气就越糟糕。

不要忘了还有一个重要的工具，它可以帮助我们决定是穿一件厚毛衣还是只穿一件薄运动衫——温度计。虽然有许多不同类型的温度计，但所有的温度计都可以告诉我们温度。所有的温度计都是采用以下两种温标中的一种——很常见的摄氏温标或者是一些地区使用的华氏温标。

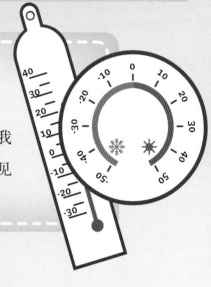

要想知道是否会下雨或者放晴，国外还有一种有趣的小发明——小小气象屋。气象屋里住着一位男孩和一位女孩，如果天气干燥、阳光充足，女孩会"走"出来站在屋前；如果天气潮湿、阴雨绵绵，则换成男孩站在屋前。

当太阳照耀着大地时会发生什么？

躺在草地上尽情享受夏日时光吧！闭上眼睛，让大自然这幅画卷慢慢展开……而谁是神秘的画家呢？当然是太阳！太阳就像是一个巨大的灼热的球，给我们的星球带来了生命。没有太阳，花儿不会盛开，动物也不会在海洋里或是陆地上嬉戏。当然，我们人类也不能够生存。

太阳表面的温度约为6000摄氏度，因为很热，所以它会发光。阳光穿过外太空，一路抵达地球，给地球带来了它所需要的温暖和光明。

当太阳冉冉升起时，相信世界上的每个人都会感觉到美好。阳光使鲜花盛开、青草生长，也使草莓、苹果以及其他的水果成熟。

光合作用

太阳的影响力在于它参与了自然界中最重要的现象——光合作用。从某种程度上来说，光合作用本身就像是在变魔术：你把太阳的一点能量、一些二氧化碳、少量水和一种绿色植物放在一起，最后会得到一种新的营养物质，最重要的是，还释放出了氧气。没有氧气的话，我们在地球上无法生存。

开花并结果

阳光对植物生长发育的影响是巨大的，植物的开花结果离不开光照。阳光会促进植物开花，且日照时间越长开花越早。充足的光照会促进植物花青素的生成，使得植物的花朵色彩艳丽，此外光照还可以杀死植物上的一些病菌，使其可以健康生长。

你知道吗？植物实际上是能动的。它们朝着太阳的方向转动！向日葵最擅长这门绝活。

耶，阳光！

对人类来说，太阳太重要了。当天气好时，你的心情是不是也会比较愉悦？如果你的回答是肯定的，这可不是巧合！因为阳光会让我们的身体产生了一种有益物质，这种物质催生并维持着我们的好心情。除此之外，阳光还能促使我们的身体产生维生素D，维生素D有助于牙齿、骨骼和肌肉的健康，并能帮我们更好地抵抗疾病。

享受阳光

现在你已经知道，没有阳光，植物不能生长，而除此之外，阳光在我们的生活中还扮演着另一个美好的角色——我们可以沐浴在阳光下，或是像猫一样沐浴阳光以享受乐趣，或是像蛇一样沐浴阳光以提高体温。

一切都要适可而止

太阳对人类有好处，但是"一切都要适可而止"的道理也适用于这里。你需要保护好自己，以免被晒伤。为此，你可以涂抹防晒霜或者戴太阳镜和太阳帽。还有，不要忘了多喝水，否则你会中暑的。

干旱期会发生什么？

如果很长一段时间没有下雨，花园里的植物会枯萎，青草会变黄，地面也会更加粗糙且出现裂缝，这就是我们所谓的"干旱期"。水非常重要：植物从水里获取营养，而没有水，无论是人还是动物都无法生存。

当干旱期延长时，你在各个地方都能看到它带来的后果。例如，田野里的植物会萎缩、变黄，有时

甚至会完全枯萎。为了防止这种情况发生，你需要拿一个洒水壶或一根花园浇水用的软管，给植物好好浇水。在开阔的田野里还可以安置大型洒水器，这样就可以给植物喷洒足够的水。

当旱季持续的时间较长时，供水开始减少。所以，我们应该珍惜水资源，不要浪费水。

节约用水

每个夏天，果园里都会结很多好吃的瓜果，等待着你去采摘和品尝。这些瓜果不仅需要充足的阳光和细心的照料才能成熟，它们同样也需要水。一些果农会在花园里放置水桶来收集雨水，然后用收集到的雨水来浇灌植物。

小心，有裂缝！

你喝了足够的水吗？如果你忘记喝足够的水，你的嘴唇会开裂，导致你不得不涂一些唇膏。土壤也是如此。如果土壤中没有足够的水分，就会出现各种形状和大小的裂缝。在野外，水资源很容易被耗尽，尤其在田地里，情况更是如此。我们可以种植大片的草地或灌木来防止这种情况的发生，因为草地或灌木可以保留水资源。

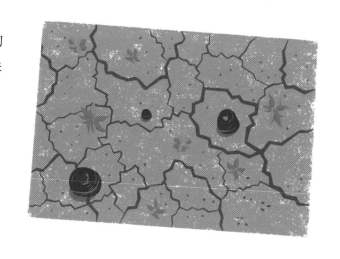

果皮开裂

当很长一段时间没有下雨时，我们和大自然都会珍惜哪怕是最微小的雨滴。但是，当大雨到来而且似乎没有要停下来的意思时，也会让人担忧。比如西红柿和诸如樱桃或李子之类的水果就会吸收所有的水分，如此一来，果皮就变得越来越紧，直到最后因无法承受压力而开裂。

动物们对干旱期有什么看法？

干旱的天气会让动物们不安。不过，要帮助它们也很简单。在一个浅浅的碗里装上水，再把它放到公园里，这样刺猬、松鼠或小鸟就可以过来喝水了。你可以在碗里放一块大石头，并调整碗的位置，让动物们可以四处张望，并确保当有猫想要捕捉它们时，它们可以及时逃走。

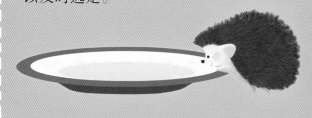

通过一些似乎并不引人注意的小细节，我们也能知道干旱期已经来临。比如露珠变少。

植物们在干旱期的表现

缺水时，植物也有自己的应对方式。某些植物的叶子会脱落，茎会枯萎，在地下以种子或鳞茎的形式存活下来。某些植物的叶子则会打卷，以防止水分蒸发。而那些生长在恶劣环境中的植物根本就不会长叶子。

为什么植物会枯萎并死去？

如果干旱期较长，植物没有足够的水分供给，它就会关闭叶子上的气孔，防止水分蒸发。这样一来，植物进行光合作用的进程就减慢了，也阻止了植物给自己降温。最后，在长时间干燥、炎热的天气下，植物无法生存，继而枯萎死去。

当干旱期持续很长一段时间会发生什么？

当外面天气好时，我们会很高兴，因为我们可以出去散步，在外面玩，或者只是晒晒太阳。不过如果这种天气一直持续下去，不下雨，也不是什么好事。

如果没有下雨的话，就不会有足够的水，青草会枯萎并死去，地面会开裂，而且水库也会完全干枯。

幸运的是，旱季不会永久持续。长时间没有雨水的情况是有的。我们称之为"极端干旱"，它会给整个环境造成破坏。

⬇ 与极端干旱作战

长时间的持续高温，水库和天然水道的枯竭，以及地下供水的减少——这些都不是小问题。世界各地的专家都在绞尽脑汁试图解决这些问题。

← 当心火灾

如果已经有一段时间没有下雨了，而你的家人或朋友正准备去户外烧烤，那么要当心了，因为一点点火星都能让你陷入困境。火焰在干燥的土地上蔓延得很快，在这种情况下消防员很难控制住火势。

← 倾盆大雨

天气已经干旱了很多天，一场暴风雨就要来了。你也许会认为，大地期待着被注入一大片水。但是，暴风雨同样也很危险，因为它们通常是倾盆而下。也就是说，大量的雨水在短时间内从天空落下来，可能会突发洪灾。

← 意料之外的好处

令人意外的是，极端干旱也会带来一些好处。当青草枯萎时，新的植物就有了生长的机会，要不是这样的话，它们永远都没有机会生长在阳光下。干涸的土地有时也会暴露一些秘密，例如发现多年前遗失的矿藏。

当天空多云时会发生什么？

当你看向天空，你经常会看到各种各样的云从一端飘浮到另一端，呈现出许多不同的形状。

云朵为什么会有如此多的形状呢？它们又是从哪里来的呢？我们居住的地球表面有四分之三都是水。也就是说，如果我们把地球表面平分为四部分，其中有三部分都是水。动物、人类、土地和植物……所有这些加起来才占了剩下的四分之一。

当太阳照射到水上，水会升温，继而变成水蒸气，然后升至天空。水蒸气升至离地面越高的地方，周围的空气越冷。一旦水蒸气飘至足够高的地方，它们就会遇冷变回小水滴的样子附着在周围的颗粒上，比如沙粒或者海盐粒，这样就形成了云。

云可以呈现出许多不同的形状，甚至是不同的颜色。观看云朵是一种美好的体验。而且，观看它们还有其他的好处，例如可以帮助人们预测天气。

有哪些类型的云呢？

每一朵云都是不同的，这个你当然知道。但要辨别各种各样的云并不是一件容易的事儿。科学家们把云朵归为十种基本类型，并根据它们的形态和特征取了32个名字。

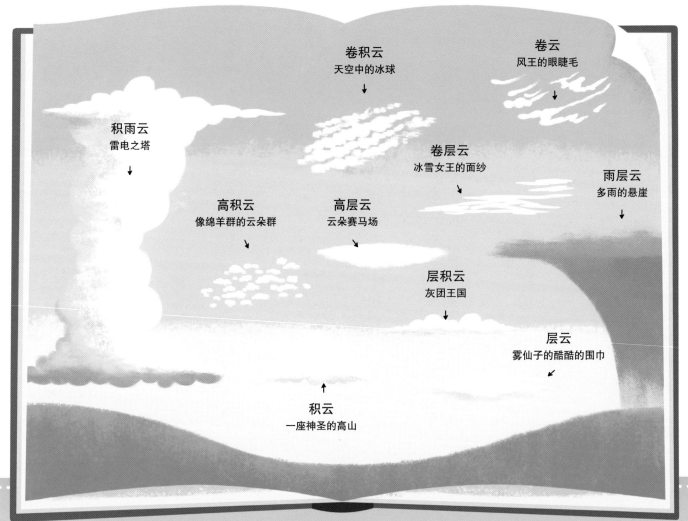

卷积云
天空中的冰球

卷云
风王的眼睫毛

卷层云
冰雪女王的面纱

积雨云
雷电之塔

雨层云
多雨的悬崖

高积云
像绵羊群的云朵群

高层云
云朵赛马场

层积云
灰团王国

层云
雾仙子的酷酷的围巾

积云
一座神圣的高山

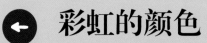

← 彩虹的颜色

日升日落时，你经常会看到红色的云。这些云会告诉你接下来是什么天气。如果它们出现在傍晚，第二天就是阳光明媚的。如果它们出现在早晨，那么天气可能会比较糟糕。

人工云

你知道人们可以用飞机创造自己的云吗？你曾经见过出现在飞机后面的白线吗？其实这并不神秘，只是飞机排放出的气体冷却时形成的水蒸气而已。大型的船只也能创造人工云，那是因为船上的烟囱会释放出小颗粒，这些小颗粒会与分散在空气中的水结合，就形成了一朵朵云。

雾

有时候，云并不会升至空中。它们只是在各处闲荡，笼罩着道路、房屋和人们。如果发生这种情况，我们就会说天气是多雾的。多雾的天气可能是十分危险的——雾使得人们看不清楚周围，继而引发事故。当你不得不在多雾的天气下出行时，你需要在背包或袖子上安装一个回射器，这可以帮助司机清楚地看到你。

夏季之初，你会发现一种迥异的云，它可以发出银色的光，十分神秘。这种云出现在日落两小时后或日升两小时前。下次你和朋友们在夏季出去露营时，抬头向上看，最好是朝向北方看，也许你就会看到这些云。这些云形成于高海拔地区，比其他的云高七倍，由微小的冰晶和火山尘组成。

下雨时会发生什么？

你当然知道外面下雨时是什么样子。水滴从空中落下，一切都变湿了。大人们躲在雨伞下，而穿着雨衣和长筒靴的孩子们跳进水坑里玩得不亦乐乎。雨过之后，所有的植物看起来都更绿了，就好像重新焕发了它们的生命力。

但是，雨从哪里来的呢？当你朝向天空看时，你可能看到的是云。云中满是微小的水粒子，其中一些是被冻住的。所有这些水滴和冰晶又小又轻，为了落下它们需要融合在一起。只有当它们融合在一起后，它们才能从云朵里挣脱出来，落向地面。我们把从云中滚落下来的东西叫作降水。

如果要维持地球上的生命，降水非常重要。没有降水的话，不论是人类还是动植物都不能生存。虽然降水可以服务于我们，却不能任由其为所欲为。不要担心，我们在后面会详述这个问题。

23

← 雨滴

下雨时，各种大小的雨滴落到地面。大多数的雨滴还没有米粒大。雨滴刚离开云朵时，它的形状像一个球；而随着它落向地面，雨滴会被拉伸，看起来像一颗豆子。

→ 彩虹是如何形成的?

当外面正在下雨，而同时太阳也照耀着大地时，天空中就可能会出现彩虹。这是为什么呢？原来是因为白色的太阳光穿过众多雨滴时会发生折射，折射后的光呈现出七种颜色，也就形成了彩虹。如果你想要仔细看看彩虹，你需要背对太阳站着。

← 为什么雨后的空气闻起来有股味道?

为什么雨一停，空气中就有一股奇怪的味道？这是因为地面上有细菌，细菌体内会释放一种叫作土臭素的特殊物质。下雨时，这种物质会从地面升至空中，而我们的鼻子对土臭素的气味非常敏感，所以就会闻到这股特别的味道。

动物们和雨

　　下雨时，动物们的表现各有不同。甲虫会在最近的干燥缝隙中寻求庇护。鸟儿会抖松自己的羽毛，以便在羽毛下形成气穴。而蚯蚓或田鼠则会爬到地面，以免自己被淹死在地下隧道中。

人们如何应对下雨天

彩虹有七种颜色：

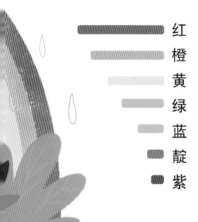

红
橙
黄
绿
蓝
靛
紫

　　和动物们一样，人们应对下雨天的方式也各有不同。有些人会待在家里，盖着毯子，一直等到天气好转。有些人会穿上一双长筒靴，拿起雨伞或雨衣，出去雨中漫步。

世上没有两场相同的雨

　　雨滴以每秒4至9米的速度落向地面，这与松鼠和河马的行走速度差不多。当雨滴的直径小于半毫米（大约针头大小）时，我们会称之为毛毛雨。如果雨滴直径大于半毫米，我们才称之为真正的雨——事实上，雨也可能下得很大。如果雨下得很大，我们就叫它倾盆大雨。

如果降雨太多会发生什么？

我们称地球为蓝色星球。那是因为地球四分之三的表面都被水覆盖着。正如你所看到的，水是非常重要的资源。但是，水也可能是非常危险的。例如，当强降雨来临时，水面会上升，河水会泛滥。如果河边有房子，住在里面的居民可要小心了。

气象专家会试图预测这些情况并对强降雨和其他危险事件作出警告。我们称那些存在河水泛滥危险的地方或者那些曾经发生过河水泛滥的地方为洪泛区。如果你生活在这样的地方，你应该密切关注气象学家的动态，他们可能会发出预警。

← 为什么水面会上升？

水面上升，池塘或河流决堤，降雨可能不是唯一的原因。河底的积雪或积冰融化时也可能引发这些事故。

← 人类的不当行为

你知道吗？有时是人类自己给自己带来了灾难。我们改变了大自然本来的样子，按我们认为的方式去改移水道，兴建大量田地，还砍伐树木。所有这些都增加了洪水暴发的可能性。

↗ 如何能阻挡洪水的发生？

现实生活中你很难阻挡洪水的发生。如果想要保护自己的财产，我们就不应该在洪泛区建房子。但是，如果我们已经居住在这样的地区，那就请准备好沙袋、记住救援电话并弄清楚需要哪些配备。

↘ 万一发生洪水该怎么办？

河流决堤了，河水无情地冲向你的房子。这时你该怎么做呢？你需要立刻关掉电源、煤气和自来水总管道开关。如果你不是处于特别危险的境地，可以先把贵重物品搬到楼上去，这样水就不会淹到它们。你也可以用沙袋建拦水坝。切记不要冒险，及时到安全的地方去。

暴风雨来临时会发生什么？

许多人和动物都害怕暴风雨。毕竟，当电闪雷鸣、强风肆虐，而且还伴随着下雨或是下冰雹时，谁会愿意去外面呢？

暴风雨到底是从何而来的呢？暴风雨发生的前提是，湿热的空气上升，直到达到离地面约10千米的高度——10千米可是很长的距离了！试想一下，你步行10千米需要多长的时间。

有时，冷热气流的相遇也会发生暴风雨。我们称之为"锋面雷雨"。

在天气炎热的夏天，暴风雨通常由空气中的热度造成。夏季暴风雨持续的时间通常不到一个小时，然后天气就会变好。当你出去旅游时肯定也遇到过不期而至的暴风雨吧！

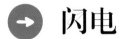 引发暴风雨的乌云

在高空中，上升的湿热空气会形成云，我们称之为积云。积云会逐渐变大，直到形成一个类似巨大的花椰菜形状的云——积雨云。在积雨云内，冰晶和水滴四处移动，电压就产生了。如果电压足够高，就会出现闪电。

→ 闪电

你现在已经知道，闪电其实是一种放电现象。闪电也可能出现在云和地面之间。当放出的电接近地面时，高处的物体会接收它——比如树或者教堂塔楼。当放出的电被接收时，天空就被闪电照亮了。

← 你能算出暴风雨离你有多远吗？

你想知道暴风雨离你有多远吗？当你看到闪电后，你可以开始在心中默数或者看着手表计算，在听到雷声之前的每一秒钟等于三分之一千米。例如，如果你在听到雷声前数到了九秒，那么暴风雨就在三千米外。

特殊的闪电——球状闪电。这仍是一个未解之谜。球状闪电到底是什么，以及它是如何形成的，就连科学家对这些问题也没有达成一致的看法。

⬆ 雷

当灼热的闪电急速降落到地面时，周围空气的温度会迅速上升。正因如此，空气会爆炸产生出一种我们称之为雷的声波，造成很大的损害。如果闪电击中了某个地方，你会感到周围的一切几乎都在晃动。

⬇ 发生暴风雨时不要做什么？

在夏天，如果你在外面散步时遇上了暴风雨该怎么办呢？躲在一棵树下肯定是不安全的。还有，在暴风雨来临之前，千万不要在地上跑，也不要躺在地上。此外还需要注意，打伞并不安全，因为金属伞杆会吸引闪电。

发生暴风雨时应该做什么？

你最好待在屋顶装有避雷针的房子里。避雷针可以把闪电安全地引到地面，保证室内每个人的安全。如果你在外面时遇上暴风雨，可以躲到低矮的灌木丛中，那里比较安全。如果你是在一个空旷的地方，那就蹲下来，把手和脚都并在一起。

风在吹时会发生什么？

当风在吹时，空气也在移动。有时，空气移动得太快了，就好像在进行一次短期旅行，此时它的速度可以达到360千米/小时，这相当于高铁的运行速度了。

其他时候，空气也会休息，懒洋洋地躺着，一动不动。也就是说，它此时的速度为0。我们可以称这种情况为"静风"。

不过，刮风可不是为了玩乐。它还要在户外完成许多重要的任务，其中最重要的便是平衡大气压力的差异。此外，风还可以让水、土壤和植物的种子四处移动，帮助雪融化以及让水从地球表面蒸发，并创造雾凇。当然，风能做的还远不止这些呢！

你最喜欢多风天气的哪一点呢？

世上没有两种相同的风

是的，风有好几种。例如，如果温度是你的关注点，那风可以分为暖风和冷风。而根据其形成的地理位置的不同，风也可以分为很多种，比如在阿尔卑斯山，有温暖的焚风；在南美洲，你会遇到可怕的龙卷风；而当你在克罗地亚的海滨享受假期时，你可要担心强烈的布拉风。

植物与风

虽然风有时会造成很大的破坏，但不可否认它也发挥着十分重要的作用。它可以给植物降温，给它们带来新鲜的空气，还可以帮助它们传播种子。你愿意暂时假装自己是风，向植物伸出援助之手吗？已经长出种子穗的蒲公英，只要轻轻一吹，就可以看到绒毛纷飞了。

蒲福风级

除了通过温度、地域和季节来划分风的种类，我们还可以通过其他方式来划分。会给周围环境带来影响的风速和风力——它也许是吹动了草，也许是晃动了树，甚至是刮掉屋顶上的瓦片。所以，我们有了蒲福风级。蒲福风级把风划分为13类，从静风到飓风之间不等。你会在下一章中了解到更多关于飓风（风力达到十二级）的细节。

静风
烟垂直上升

一级风
烟上升的方向如图所示

二级风
树叶发出沙沙声

三级风
树叶和小树枝不停晃动

体感温度

有时候，温度计显示的是25摄氏度，但你却后悔把外套放回了房间。因为知道是否有风也很重要。虽然根据温度计上的温度显示，我们穿一件T恤和一条短裤就够了，但是如果有风，它会使我们的身体降温，让我们感到寒冷。

动物与风

风不仅对植物有好处，对动物也有好处，因为动物可以利用风来旅行。秃鹰一定会等待合适的气流出现，只有那时，它才会展开翅膀，开始滑翔。蜘蛛也会搭上风的顺风车，有时甚至能前行90千米。而唯一遗憾的是，如果风向改变了，它们最终会到达一个根本没打算要去的地方。

四级风
可以吹动灰尘和纸片

八级风
树枝折断；前行困难

五级风
长满绿叶的小树开始摇摆

九级风
屋顶的烟囱和瓦片被吹毁

六级风
撑伞有些困难

十级风
树被连根拔起；建筑物被破坏

疾风
逆风行走时十分不便；整棵树都在摇动

十一级风
严重的破坏（屋顶被掀翻，重物被移动）

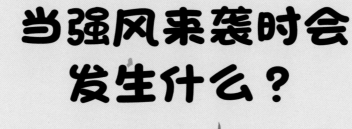

当强风来袭时会发生什么？

如果某一天气象学家警告有强风，你应该听从并做好相应准备。例如，你需要把可能会因此受到伤害的东西藏起来。

说到风，阵风是最令人不快且最危险的。阵风意味着，风会在短时间内增速。强风的速度几乎能赶上赛马的速度，非常强的风能赶超羚羊，而极端强的风则能跑过猎豹。需要补充说明的是，在没有任何障碍的高山上，风速甚至更快！

要判断强风来袭很容易。强风来袭时，逆风而行很困难，树木会被吹折或者被连根拔起，屋顶上的瓦片被吹飞，并且电力可能会中断。

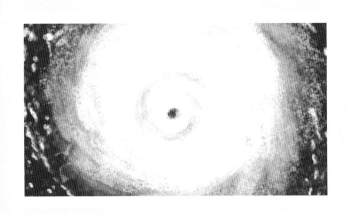

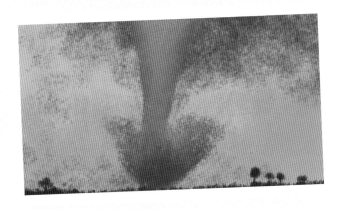

⬆ 飓风、台风、旋风

海面之上能形成特别危险的气流。我们称之为飓风或台风。它们都会产生特殊的旋风。我们称旋风最中间的位置为风眼，那里几乎完全没有风。

⬆ 龙卷风

地面之上也能形成旋风，我们称之为龙卷风。龙卷风一般持续30分钟到1小时。通常情况下，龙卷风吹过几十千米后就消失了。它能吹翻汽车，甚至令整栋房屋倾塌。

⬅ 喷射气流

离地表一万米的高空之上，一种特殊的急风正在四处疾驰，我们称之为喷射气流。例如你坐在从美国飞往欧洲的飞机上，喷射气流会从飞机后面吹进飞机，然后飞机会加快速度，你就能更快地到达目的地啦。

⬅ 强风在吹时，应该怎么做呢？

我们应该珍惜我们的生命。如果强风在吹，冒险是一定要避免的。躲在安全的建筑物里会更好。如果你正在开车，那你应该以适当的速度行驶，而且要避开树木和电线。

下雪时会发生什么？

哇，下雪了！树木、草地、房屋……所有的一切都被盖在了雪毯之下。猫咪一边小心翼翼地行走着，一边抖掉爪子上的雪。狗狗们跳进白色的雪地里滚来滚去，十分欢快。不过，孩子们才是最开心的。为什么不呢？因为他们可以在雪地里嬉戏、堆雪人、滑雪或是滑雪橇啦！

但雪到底是什么呢？除了雨之外，我们认为雪也是一种降水同样是由云里的水形成的。当云的周围是寒冷的空气，云里的水就不会呈现出水滴的形状，而是冰晶的形状。和冰一样，雪花最终也会离开云层，落到地面上。

接下来会发生什么呢？如果天气足够寒冷，雪花堆积在一起，过一会儿后，一切都会变白。但是，如果下雪时，地面温度高于零度，雪花会即刻融化，只留下水。

⬇ 雪山

雪，也各不相同。有一种雪叫粉末雪，这种雪不黏、呈粉末状，不适合用来堆雪人，但滑雪者最喜欢这种雪。另一方面，雪也可能很湿、很重，冻得十分僵硬，你几乎不能在上面行走。

⬇ 雪如何融化

当温度升至冰点以上时，雪会开始融化。温度越高，雪融化得越快。在融化的过程中，雪变成了水。两种东西会加速雪融化的过程：雨和风。如果同时有雨和风，雪会很快消失。

⬆ 雪花

雪花可不是乏味的冰块。起初，它会呈现出蜂窝状。接着，它开始变大，直到变成一个美丽的、亮晶晶的星星，大小各异，形状不同。还不仅如此，世上也没有两片完全相同的雪花。

↗ 为什么踩到雪上会发出嘎吱声？

当外面很冷，气温降至零下时，你在雪上行走就会听到奇怪的嘎吱声。原来当脚踩到雪上时，雪花会破碎，也就发出了嘎吱的声音。一旦温度上升，雪花开始融化，它会悄无声息地在雪地上滑动，我们就不再听到雪花破碎的声音了。

雪花真的是白色的吗?

"外面是白茫茫的一片。"下雪天，你是不是经常听到人们这样说？然而，正确的说法应该是：外面到处是透明的。的确，每一片落到地面的雪花都是完全透明的。由于雪花能反射光的缘故，所以在我们看来，它是白色的。但从根本上说，雪其实是透明的。真是神奇啊！

大自然喜欢雪

雪在自然界中扮演着重要的角色。雪层充当了一条毯子，盖住了地面和植物，保护它们不受寒冷天气的影响。雪融化后，又变成了水，被大地吸收，补充了地下水的储存量。

动物们和雪

下雪时，野生动物很难找到食物。不过，你可以帮助它们。例如，在花园里或阳台上设立一个巢箱，并定期在里面放一些种子和谷物。当然，也不能忘了森林里的动物。可以收集一些栗子、苹果或胡萝卜，把它们放到喂食架上，这可以充当动物们的零食。记住：不要给动物们吃干燥的烘焙食品或是剩菜。这样的食物会给它们带去严重的伤害。

结冰时会发生什么？

冬日的街道上，行人们穿着暖和的大衣和夹克，头上戴着羊毛帽，脚上穿着暖和的皮鞋，脖子上围着围巾，手上戴着温暖的手套，正脚步匆匆地期待着到一个舒适的地方去。

人们在室外很冷，尤其在结冰的天气更是如此。结冰时，也就意味着温度降到了零摄氏度以下。

那么，在没有温度计的情况下怎么才能辨别是否在零摄氏度以下呢？

只需要看看周围就好了。当温度在零摄氏度以下时，水会结冰。雪花或是雪球会落下，而不是雨滴。黑冰或薄冰也很常见，它们出现的地方还不仅限于道路上。屋顶上也可能悬挂着冰柱。

如果结冰的时间足够长，池塘水面上会形成坚固的冰层，你和你的伙伴们可以在上面滑冰。或者，你可以拿出你的滑雪板、雪橇，利用大雪好好享受冬日时光。

← 冷水，还是热水?
——这是个值得探究的问题!

你认为哪种水会先结冰：冷水还是热水？你也许会回答："很简单，一定是冷水！"令人惊讶的是，答案恰恰相反。这被称作姆潘巴现象。不过，目前连科学家也未能解释这个现象。

看，多么迷人的外套!
这是自然界用寒冷的水蒸气缝制出来的白霜大衣。

← 温度下降，液体结冰

水在零摄氏度结冰。但这并不适用于其他物质，如汽油或柴油。如果它们的冰点和水的一样，那你在冬天根本就开不了车。幸运的是，只有当温度降到零下40摄氏度或以下，汽油才会结冰。

→ 安全的冰面

滑冰是冬季运动不可或缺的一部分。安全的冰面应该是暗的和透明的。如果你看到冰上有泡泡和白斑，千万要注意安全，不要踩上去！冰层至少要有10厘米厚，人们才能在冰上行走。

← 黑冰和薄冰

你知道黑冰和薄冰长什么样子吗？它们都是一层冰，不同之处在于形成方式的不同。当非常冷的水滴接触地面时，薄冰就会出现。而黑冰的形成则需要一定的时间。当融化的雪或雨水凝固时，黑冰才可能会出现。

← 像一个洋葱一样

寒冷的天气应如何着装呢？像洋葱一样一层一层地添加衣服是一个好主意。最里面穿一件薄衫，然后再加一件运动衫，再穿一件夹克和一条裤子。最后，再穿上保暖的鞋子。对了，不要忘记保护你的手和头部。

↑ 冰柱

寒冷的天气能带来许多形状各异的冰柱。冰柱形成的条件是，水从某处滴落，例如屋顶。然后，寒冷开始变魔法了——空气变冷，水变硬继而变成了冰，冰柱就这样形成了。

当天气失去"理智"时会发生什么？

← 有史以来最大的冰雹

冰雹有时候真的会让我们很头疼，例如，它会破坏我们农场里的收成，或者在我们汽车的引擎盖或车窗上砸个洞。还有，别忘了曾在孟加拉国下过的那场史上最大的冰雹。那冰雹的重量超过了1千克！

→ 世界上风最多的地区

猜猜地球上哪里是风最多的地区。如果你的答案是南极洲，那就答对啦。当地的风速可达240千米/小时。有趣的是，一种热带的蚂蚁爬行时也可以达到类似的速度。那真的是像风一样快！

← 等待下雨

当夏天有很多灰尘时，植物会枯萎，地面会开裂，我们会抱怨，很久没下雨了。但是，生活在智利伊基克的人们又会怎么说呢？他们甚至已经很多年都没见过一滴雨了。

➡ 多彩的雪

当雪呈现出淡黄色或者粉色时，是因为它里面包含了沙子和尘土。在春天，花粉也会让雪变色。而在工业区或者工业城市区，由于烟囱里会冒出烟和灰，雪很快会变成灰色或黑色。

⬇ 当天空中"下"动物时

想象一下，从天空中掉下来的不是雨滴，而是蜗牛、青蛙、鱼，甚至是蝙蝠！其实如果有强烈的龙卷风把这些动物吸起来并带到高空中，这事就可能真的会发生。

➡ 哪里的闪电最多？

你喜欢闪电吗？如果喜欢，那就去委内瑞拉的卡塔通博河吧。那里每年会出现上百万次的闪电，所以，水手们常利用它们来确定自己在海上的位置。

➡ 最大的雪毯

你会帮助父母清扫雪吗？要是在一百多年前，在日本本州岛，想要清除落雪，你真的需要一把大铲子才行，因为那里堆积的雪厚度超过了11.5米高。

图书在版编目（CIP）数据

天气的奇幻旅行 /（捷克）萨比娜·科讷柯娜，
（捷克）特蕾莎·马尔科娃文；（捷克）米沙·贝拉图；
锐拓译. —昆明：晨光出版社, 2020.4
ISBN 978-7-5715-0633-9

Ⅰ. ①天… Ⅱ. ①萨… ②特… ③米… ④锐… Ⅲ.
①天气 – 少儿读物 Ⅳ. ①P44–49

中国版本图书馆CIP数据核字(2020)第054500号

著作权合同登记号：图字：23–2019–203 号

天气的奇幻旅行

TIANQI DE QIHUAN LUXING

［捷克］萨比娜·科讷柯娜 / 特蕾莎·马尔科娃 文　　［捷克］米沙·贝拉 图　　锐　拓 译

出 版 人	吉 彤			
策 划	吉 彤　程舟行			
责任编辑	李 政　常颖雯			
装帧设计	唐 剑	排 版	云南安书文化传播有限责任公司
责任校对	杨小彤	印 装	昆明兴晨印务有限公司
责任印制	廖颖坤	版 次	2020年4月第1版
邮 编	650034	印 次	2020年4月第1次印刷
地 址	昆明市环城西路609号新闻出版大楼	书 号	ISBN 978-7-5715-0633-9
出版发行	云南出版集团　晨光出版社	开 本	210mm×285mm　16开
电 话	0871-64186745（发行部）	印 张	3
	0871-64178927（互联网营销部）	字 数	50千
法律顾问	云南上首律师事务所　杜晓秋	定 价	35.00元

晨光图书专营店：http://cgts.tmall.com/